LA CARGA MENTAL EN LA MATRONA

MARIA ISABEL LÓPEZ LÓPEZ
(MATRONA. Hospital Rafael Méndez)
ENCARNACIÓN ROSIQUE GÓMEZ
(MATRONA. Hospital Rafael Méndez)
BELEN ACOSTA LÓPEZ
(MATRONA. Hospital Rafael Méndez)
MARIA JOSE CARAVACA BERENGUER
(MATRONA. Hospital Rafael Méndez)

Lulu Press, Inc.

Es una publicación

Primera edición 2018
© 28 de Octubre de 2018 Lulu Press, Inc.
ISBN 978-0-244-41874-8

INDICE

1. RESUMEN.

El trabajo es una actividad humana a través de la cual el individuo, con su fuerza y su inteligencia, transforma la realidad. La ejecución de un trabajo implica el desarrollo de unas operaciones motoras y unas operaciones cognoscitivas. El grado de movilización que el individuo debe realizar para ejecutar la tarea, los mecanismos físicos y mentales que debe poner en juego determinará la carga de trabajo.

Los métodos de trabajo han ido evolucionando a lo largo de la historia de manera que junto a la tecnología se han ido añadiendo factores que incrementan notablemente las cargas tensionales del individuo.

2. OBJETIVO.

El presente trabajo tiene por objeto la evaluación inicial de la Carga Mental en el puesto de trabajo de Matrona en Atención Especializada en la unidad de Paritorio en un Hospital Comarcal del Servicio Murciano de Salud, para dar cumplimiento al artículo 16 de la Ley de PRL, siendo esta la primera actividad preventiva y teniendo como fin orientar a los responsables de la empresa en la planificación e implantación de las acciones preventivas convenientes ,para tratar de eliminar o, en su defecto, controlar los riesgos existentes y así garantizar la Seguridad y la Salud de los trabajadores en su actividad laboral.

Con este trabajo he pretendido hacer una revisión exhaustiva sobre el concepto de CARGA MENTAL en el trabajo, la patología que produce y los métodos de evaluación de la carga mental, para intentar aportar conclusiones que ayuden a la reducción y prevención de la misma y sus consecuencias.

3. JUSTIFICACION

La realización del trabajo comporta la aplicación de diversas capacidades y destrezas físicas y mentales. Aparentemente, muchos trabajos parecen «cómodos y descansados», ajenos a presiones de tiempo y de producción, exentos de esfuerzos inadecuados por exceso o por defecto; pero esto puede ser una mera apariencia que, en ocasiones, no se corresponde ni con la realidad, ni con la percepción de quienes desempeñan tales trabajos, ni con las diversas molestias y el cansancio que refieren.

4. DEFINICIONES.

4.1. CARGA DE TRABAJO.

Es el conjunto de esfuerzos que el trabajador tiene que realizar para desempeñar su trabajo. Según la proporción que más predomine, hablamos de carga física o mental.

En ambas podemos hacer una subdivisión por sus aspectos cuantitativos (ej; número de pacientes a los que atender) y por su faceta cualitativa en cuanto, a complejidad, responsabilidades, repetitividad de las tareas, etc. (Ej; tensión producida por la utilización del equipo básicos como: camas, carros para el servicio de comidas, ..) .

Además hay que diferenciar sobrecarga, de la situación contraria o infra carga. La primera existe si los esfuerzos sobrepasan las capacidades del trabajador (ejemplos de capacidades: concentración , estar en alerta para tomar una decisión...).

La carga de trabajo mental(1) es un concepto que se utiliza para referirse al conjunto de tensiones inducidas en una persona por las exigencias del trabajo mental que realiza (procesamiento de información del entorno a partir de los conocimientos previos, actividad de rememoración, de razonamiento y búsqueda de soluciones, etc.). Para una persona dada, la relación entre las exigencias de su trabajo y los recursos mentales de que dispone para hacer frente a tales exigencias, expresa la carga de trabajo mental.

La carga de trabajo mental remite a tareas que implican fundamentalmente procesos cognitivos, procesamiento de información y aspectos afectivos; por ejemplo, las tareas que requieren cierta intensidad y duración de esfuerzo mental de la persona en términos de concentración, atención, memoria, coordinación de ideas, toma de decisiones, etc. y autocontrol emocional, necesarios para el buen desempeño del trabajo.

Las capacidades de la persona, referentes a las funciones cognitivas que posibilitan las operaciones mentales, constituyen sus recursos personales para responder a las demandas del trabajo mental.

Las capacidades de memoria, de razonamiento, de percepción, de atención, de aprendizaje, etc. son recursos que varían de una persona a otra y que también pueden variar para una persona en distintos momentos de su vida: pueden fortalecerse, por ejemplo, cuando se adquieren nuevos conocimientos útiles, cuando se conocen estrategias de respuesta más económicas (en cuanto a esfuerzo necesario), etc. pero, en circunstancias físicas o psíquicas adversas, pueden deteriorarse o debilitarse.

En general, en las situaciones de trabajo, son muy diversos los factores que contribuyen a la carga de trabajo mental y que ejercen presiones sobre la persona que lo desempeña. Estos factores deben identificarse para cada puesto o situación de trabajo concreta y se pueden agrupar según procedan:

- De las exigencias de la tarea.
- De las circunstancias de trabajo (físicas, sociales y de organización).
- Del exterior de la organización.

La carga de trabajo mental puede ser inadecuada cuando uno o más de los factores identificados es desfavorable y la persona no dispone de los mecanismos adecuados para afrontarlos.

A continuación se desarrollan los siguientes factores a identificar en un puesto de trabajo. En primer lugar hablaremos de la exigencias de la tarea:

La realización de tareas de tratamiento de información requiere de la persona diverso grado de atención, concentración y de coordinación. La atención es necesaria, por ejemplo, para dirigir y enfocar la percepción, para la búsqueda y selección de la información relevante (entre todos los datos disponibles) y así cumplir los objetivos que se pretendan.

El desempeño del trabajo puede requerir atención para una tarea o actividad en curso o para varias actividades que se van alternando y/o simultaneando. La concentración se refiere a la reflexión y atención prolongadas requeridas por la tarea (por ejemplo, en tareas monótonas, tales como el control de tablas o cuadros de cifras).

La atención puede decaer por diversos motivos, ya sean laborales o ya sean personales (por ejemplo, sueño o descanso insuficiente). Se puede afirmar que algunas tareas que exigen atención compartida entre varias actividades simultáneas o que exigen captar datos e informaciones extrañas, difíciles de detectar o de encontrar, pueden ejercer grandes presiones sobre la persona y originar una tensión en ella que se manifieste en disminuciones de atención.

Además, la tarea que se ha de realizar puede demandar, en diversa medida: la coordinación de ideas, la necesidad de tener presentes varias cosas a la vez y de reaccionar con rapidez ante un imprevisto, la coordinación de funciones motoras y sensoriales (hablándose entonces de carga de trabajo sensorial y posible fatiga sensorial), la conversión de información en conductas de reacción (en tareas de control...), la transformación de información de entrada y de salida (programación, traducción, etc.), la producción de información (diseño, solución de problemas...) etc.

En general, algunas de las exigencias de la tarea que determinan la carga de trabajo mental y la fatiga consecuente se pueden resumir en:

- Atención sostenida sobre una o más fuentes de información (por ejemplo: observación de un monitor de control de procesos durante mucho tiempo).

- Tratamiento de la información, que se traduce en más o menos carga de trabajo mental, según cuál sea el número y la calidad de las informaciones que se deben tratar y de las fuentes de información, lo disponibles que estén, las inferencias que deban hacerse, las decisiones que deban tomarse, etc.

- El nivel de responsabilidad que la persona tiene asignado: ya sea responsabilidad por la salud y por la seguridad de terceras personas (clientes internos y externos de la empresa) ya sea por pérdidas de producción.

- La duración y el perfil temporal de la actividad: horarios de trabajo, pausas, trabajo a turnos.

- El contenido de la tarea: control, planificación, ejecución, evaluación.

- El peligro que conlleva la tarea que debe realizar: por el lugar en que se desarrolla (aéreo, subterráneo...), por cuestiones de tráfico, por los materiales (explosivos, citostáticos...) que se manejan, etc.

Para continuar se exponen las circunstancias del trabajo, que incluye las condiciones de trabajo.
La importancia de unas condiciones físicas (espaciales, acústicas, climáticas, etc.) adecuadas se hace evidente cuando se necesita crear un

entorno que facilite la percepción, la atención y, en definitiva, la realización de tareas con exigencias de trabajo mental; así se facilita a la persona la detección de señales e informaciones (visuales, acústicas, táctiles, etc.) que necesite para el desempeño del trabajo.

A modo de ejemplo, cabe citar la conveniencia de un entorno acústico controlado, limitando las fuentes y niveles de ruido cuando se necesita concentración, cuando hay que escuchar o comunicar datos, señales u órdenes verbalmente, etc.

- **Condiciones de iluminación.**

Los niveles adecuados de iluminación y contraste en el puesto de trabajo, así como la ausencia de deslumbramientos, contribuyen al bienestar en el trabajo, en tanto en cuanto que no se solicitan esfuerzos visuales innecesarios para el nivel de percepción (agudeza perceptiva) que requiere la tarea. Además, la fuente de luz puede ser de importancia para la sensación de bienestar de las personas prefiriéndose, en la medida de lo posible, la iluminación natural frente a la artificial.

- **Condiciones térmicas.**

La sensación de confort térmico (ver NTP nos 74 y 501) depende, en gran medida, del tipo e intensidad de trabajo que se lleva a cabo. Las sensaciones de frío y de calor, los cambios bruscos de temperatura, la sensación de humedad y de la circulación del aire (ventilación y corrientes de aire) afectan a la percepción de carga que conlleva el desempeño del trabajo mental ya que dificultan o favorecen el mantenimiento de la atención sobre la tarea e influyen en el estado de vigilia.

Es difícil evaluar los efectos de un entorno muy frío o muy caluroso sobre el desempeño mental o intelectual; algunos de los efectos negativos del calor (las funciones cerebrales son vulnerables al calor) pueden verse compensados, por ejemplo, por un alto grado de motivación de la persona. En general, se puede esperar que el desempeño empeore conforme la temperatura ambiental alcance valores extremos, por encima o por debajo, de temperaturas a las que el organismo esté aclimatado.

Si se trabaja en un medio muy frío, la capacidad de vigilancia de la persona se puede ver alterada. Asimismo, para una persona que no esté aclimatada al calor, se puede observar deterioro en el rendimiento intelectual y mental para tareas complejas, a temperaturas ambientales superiores a los veinticinco grados centígrados; si la persona estuviese aclimatada al calor este umbral aumentaría hasta los 30 ó 35 grados centígrados.

- **Condiciones acústicas.**

El ambiente sonoro influye en la carga de trabajo mental en tanto en cuanto afecta a la concentración y al esfuerzo necesario para mantener el nivel de atención que requiere la realización de la tarea. La presencia de ruido continuo procedente del tráfico, de conversaciones, de equipos, etc., así como de ruidos discontinuos de teléfonos, puertas y equipos puede ser muy molesta, sobre todo si se trata de ruidos que se perciben como «innecesarios y evitables».

Cuando la diferencia entre los niveles de ruido máximo y mínimo es menor de 5 dBA se habla de «ruido estable» y éste, en principio, si se encuentra en un nivel aceptable (por debajo de los 55 dBA, para tareas de oficina y aún por debajo de los 45 dBA, si se requiere mucha concentración), no tiene por qué perturbar el mantenimiento del nivel de atención y concentración necesario (ver NTP nº 503).

- **Calidad del aire.**

La presencia de olores, humos, vapores, etc., que no constituyen información relevante y necesaria para la realización del trabajo, tienen un efecto de distracción sobre la atención y dificultan la concentración. Es muy recomendable que la renovación del aire sea suficiente y se garantice una adecuada calidad del mismo.

- **Los factores sociales y de la organización.**

El tipo de organización laboral (su estructura de control y de comunicaciones), el clima social de la organización (aceptación personal, relaciones interpersonales), los factores de grupo (estructura de grupo, cohesión), la jerarquía de mando (vigilancia, niveles de mando, etc.), los conflictos (dentro de los grupos, entre grupos o entre personas, así como los conflictos sociales), el aislamiento en el trabajo, el trabajo a turnos, las relaciones con clientes, etc. Tales aspectos, debidamente diseñados, pueden configurar un entorno laboral sano, de cooperación y de apoyo para la realización del trabajo, en el cual sea fácil la adquisición de las informaciones y ayudas que se necesiten

- **Características individuales y factores sociales externos a la organización.**

Por otra parte las características individuales influyen en la tensión que provocan en la persona las distintas presiones que recaen sobre ella.

Algunas de estas características individuales son:

- El nivel de aspiración, la autoconfianza, la motivación, las actitudes y los estilos de reacción.
- Las capacidades, la cualificación/capacitación, los conocimientos, y la experiencia.
- La edad, el estado general, la salud, la constitución física y la nutrición.
- El estado real y el nivel inicial de activación.

Las actividades de procesamiento de información y toma de decisiones de las personas están estrechamente ligadas a aspectos emocionales (sentimientos) y, por ello, hay que tener en cuenta el bienestar emocional de las personas. Con él, se hace posible el desempeño de tareas complejas con mayor eficacia: el tratamiento de información, la valoración de alternativas y la búsqueda y la elección de soluciones «humanas» a los problemas. Sin embargo, cuando una persona tiene problemas emocionales puede verse interferida su eficacia en el trabajo, en actividades perceptivas, de tratamiento de información, de memoria y de concentración, por lo que, en muchas situaciones de trabajo, los aspectos emocionales tienen que tenerse en cuenta.

Por último, los factores de la sociedad, externos a la organización, aluden: a las exigencias sociales de responsabilidad con relación a la salud y el bienestar públicos, a las normas culturales (condiciones de trabajo, valores y normas aceptables,…) y, por último, a la situación económica (mercado de trabajo). Por todo ello se debería tener en cuenta cuál es «la situación» de trabajo además de «el puesto» de trabajo y así, con esta expresión más amplia de «situación de trabajo», se abarcarían cuestiones relativas al tipo de relación laboral y contractual, condiciones salariales y de organización, etc.

Debe tenerse en cuenta que adecuar la carga de trabajo mental a las capacidades de la persona no es, en absoluto, tarea fácil, puesto que hay que encontrar el punto de equilibrio entre las exigencias del trabajo y las capacidades de respuesta de la persona (tratamiento de información, mantenimiento de atención, toma de decisiones, cálculo y valoración de consecuencias, etc.).

Si se optase por una excesiva simplificación de los procesos de producción y procedimientos de trabajo que se han de seguir, persistiría un desajuste entre las exigencias del trabajo y las capacidades de la persona y el problema se mantendría aunque, en este caso, se estaría en el extremo de la **subcarga** de trabajo mental.

Los niveles de exigencia de trabajo mental muy por debajo de la capacidad de la persona son desaconsejables y pueden conducir al aburrimiento.

Otros factores a tener en cuenta para profesionales sanitarios serian:

- Exigencias sociales (responsabilidad en relación con la salud y el bienestar públicos).

- Normas culturales (sobre las condiciones de trabajo, los valores, las normas aceptables).

- Situación económica (mercado laboral).

Entre las condiciones de realización de la tarea también deben considerarse los efectos del uso de equipos de protección individual. Por ejemplo, la utilización regular de algunos de tales equipos como: gafas, guantes, mascarilla, ropas especiales, etc. no debería interferir con las capacidades perceptivas y de rapidez de respuesta motora necesarias para la tarea.

En términos generales se puede considerar que las características individuales influyen en la tensión experimentada, como consecuencia de las presiones que ejercen los diversos factores de carga mental de trabajo; estas características modifican la relación entre las presiones del trabajo y las tensiones de la persona en el sentido de que modulan la relación entre las exigencias de la tarea y el esfuerzo desplegado para satisfacerlas.

En resumen, el conjunto de factores procedentes del entorno (condiciones sociales, físicas, de la organización y de la tarea) ejercen diversas presiones sobre la persona; la activación mental consecuente a las presiones externas del trabajo se expresa en cierto grado de tensión mental para dar respuesta a las demandas del trabajo.

Esta tensión es variable según las características individuales y, por la activación que conlleva, puede facilitar la realización de la tarea; sin embargo, también puede tener efectos perjudiciales en otras ocasiones, por ejemplo: cuando se alcanzan estados de fatiga mental y estados similares por monotonía, hipovigilancia o saturación; por último, entre otros efectos posibles, cabe mencionar el efecto de preparación o de entrenamiento para la tarea.

El desempeño de tareas o actividades muy largas, uniformes o repetitivas puede comportar somnolencia, disminución de la capacidad de reacción y, en definitiva, un estado de activación reducida, de lenta evolución, que se traduce en fluctuaciones en el rendimiento, así como en una desagradable sensación personal de monotonía; ésta, se etiqueta como **hipovigilancia** si se deriva de la realización de tareas de vigilancia, especialmente de actividades de detección muy poco variadas.

El estado de saturación mental de la persona se puede presentar en tareas o situaciones de trabajo repetitivas en las que se tiene la sensación de estancamiento, de que no se avanza nada o de que no conducen a nada; se caracteriza por inestabilidad nerviosa (desequilibrio), fuerte rechazo emocional de la situación o tarea repetitiva y otros síntomas adicionales como: cólera o enojo, disminución del rendimiento y/o sentimientos de fatiga e inclinación a renunciar, a retirarse.

La **saturación** se diferencia de la sensación de monotonía y de la hipovigilancia porque el nivel de activación de la persona es invariable o creciente y está asociado a emociones negativas.

Las exigencias de atención de la tarea, el diseño inadecuado del lugar y puesto de trabajo, del material informativo, de la organización del tiempo de trabajo (la insuficiencia de pausas de descanso, el excesivo tiempo de dedicación al trabajo, etc.(Ver NTP 310, 455) y, en definitiva, la incongruencia entre las exigencias del trabajo y las posibilidades de respuesta de la persona, afectan negativamente a la carga de trabajo mental percibida y sus consecuencias adversas.

4.2. DEFINICIÓN DE FATIGA.

La fatiga es un resultado de la interacción persona-trabajo, considerando que el término trabajo engloba las tareas a realizar y las condiciones de desempeño. Más concretamente, alude a la fatiga que refieren las personas que tienen una carga de trabajo principalmente mental, la cual suele acompañarse de unas exigencias físicas de sedentarismo postural además de las exigencias de tratamiento de información y de aplicación de funciones cognitivas en intensidad variable (actividades mentales de comprensión, razonamiento, solución de problemas; movilización de recursos como la atención, la concentración, la memoria, etc.). En apariencia, dichos trabajos parecen cómodos y descansados, lo cual contrasta con las molestias y el cansancio que manifiestan quienes los desempeñan.

Se define la fatiga mental (7) como la alteración temporal (disminución) de la eficiencia funcional mental y física; esta alteración está en función de la intensidad y duración de la actividad precedente y del esquema temporal de la presión mental.

La disminución de la eficiencia funcional se manifiesta, por ejemplo, mediante una impresión de fatiga, una peor relación esfuerzo/resultado, a través de la naturaleza y frecuencia de los errores, etc. Pero el alcance de estas alteraciones está en parte determinado por las condiciones de la persona.

La sensación de monotonía, la hipovigilancia y la saturación mental son estados similares a la fatiga mental y tienen en común con ésta, que desaparecen cuando se producen cambios en la tarea y/o en las condiciones de trabajo. La monotonía y la hipovigilancia sólo se diferencian por las circunstancias en que aparecen: la primera sería un estado de activación reducida, de lenta evolución, que puede aparecer en el desarrollo de tareas largas, uniformes, repetitivas y se asocia principalmente a la somnolencia, disminución y fluctuación del rendimiento, y variabilidad de la frecuencia cardiaca. En la hipovigilancia se reduce el rendimiento en las tareas de vigilancia.

4.3. DEFINICIÓN DE MATRONA.

La definición de matrona se adoptó en el Consejo Internacional de Matronas (ICM) en 2005:

"Una matrona es una persona que, habiendo sido admitida para seguir un programa educativo de partería, debidamente reconocido por el Estado, ha terminado con éxito el ciclo de estudios prescritos en partería y ha obtenido las calificaciones necesarias que le permitan inscribirse en los centros oficiales y/o ejercer legalmente la práctica de la partería.
La matrona está reconocida como un profesional responsable y que rinde cuentas y que trabaja en asociación con las mujeres para proporcionar el necesario apoyo, cuidados y consejos durante el embarazo, parto y el puerperio, dirigir los nacimientos en la propia responsabilidad de la matrona y proporcionar cuidados al neonato y al lactante. Este cuidado incluye las medidas preventivas, la promoción de nacimiento normal, la detección de complicaciones en la madre y niño, el acceso a cuidado

médico u otra asistencia adecuada y la ejecución de medidas de emergencia.

La matrona tiene una tarea importante en el asesoramiento y la educación para la salud, no sólo para la mujer, sino también en el seno de sus familias y de la comunidad.

Este trabajo debe incluir la educación prenatal y preparación para la maternidad y puede extenderse a la salud de mujeres, la salud sexual o reproductiva, y el cuidado de los niños. Una matrona puede ejercer en cualquier emplazamiento, incluyendo la casa, la comunidad, los hospitales, las clínicas o las unidades de salud".

4.4. DESCRIPCION DE LAS TAREAS DE MATRONA EN EL PARITORIO.

En el paritorio se encarga de atender el parto en sus distintas fases: dilatación, expulsivo y puerperio .También se extienden los cuidados al Recién Nacido (RN) durante sus dos primeras horas de vida.(3)VIA CLINICA DE ATENCION PARTO NORMAL)

A continuación desarrollo las actividades en el ámbito hospitalario recogidas en la Vía clínica de atención al parto normal del Servicio Murciano de Salud:

Valoración del estado de la gestante en la Zona de Urgencias

• Presentación y acogida
• Identificación de la gestante y comprobación de pulsera identificativa.
• Preguntar y valorar motivo de consulta.
• Revisar Cartilla de embarazo.
• Evaluación física, obstétrica y fetal.
• Si tiene contracciones realizar tacto vaginal y valorar dinámica uterina.
• Valorar estado emocional y apoyo familiar–social.
• Comunicar al obstetra llegada y situación:
- Fase activa de parto y continuidad por matrona
- Situación con signos de alerta
• Registro de datos en historia clínica.
• Comunicación al Servicio de Admisión del destino de la gestante, tras valoración.
• Información gestante/acompañante.
• Aviso al celador/a para traslado de la gestante.

> **Primera etapa del parto. Fase de Dilatación.**

La primera etapa del parto comienza con la dilatación donde se pueden distinguir a su vez dos etapas: fase latente, que ocurre desde inicio de las contracciones hasta el inicio del parto (cuello borrado y 3 cm de dilatación) y fase activa del parto: desde los 3-4cm de dilatación hasta los 10cm, con una dinámica regular.

ACTIVIDADES:

• Realizar acogida, presentación y valoración de la gestante.
• Promover el bienestar físico y emocional de la mujer/acompañamiento.
• Si hay, revisar plan de parto.
• Controlar la evolución y progreso del parto: monitorización de la Frecuencia cardiaca Fetal y la dinámica (MEFC).
• Realizar venoclisis y actualizar analítica si es necesario.
• Administración profilaxis antibiótica, si precisa.
• Apertura de registros y formularios en historia clínica.
• Control de constantes cada 4 h.
• Exploración obstétrica cada 2-4 h.
• Favorecer la micción espontánea, si fuera necesario, se procedería a un sondaje vesical intermitente.
• Facilitar la posición que más cómoda le resulte y la movilidad si lo desea. Ayudar en cambios posturales.
• Permitir ingesta de líquidos si desea.
• Informar sobre el uso de métodos no farmacológicos de alivio del dolor y facilitarlos.
• Si solicita anestesia epidural, avisar a anestesista y realizar los cuidados adecuados.
• Comunicar al obstetra la evolución, progreso del parto y signos de alarma.
• Actuar con el obstetra en el retardo de la dilatación: proceder a rotura de la bolsa amniótica y puesta en marcha de oxitocina sintética intravenosa.

• Registro de los datos y todas las actividades realizadas en el programa informático.

> **Segunda fase del parto o periodo expulsivo.**

En la segunda etapa del parto o periodo expulsivo (que se define como la que trascurre desde la dilatación completa 10cm y el momento en que se produce la salida del feto) se divide a su vez en dos etapas: expulsivo pasivo (no hay sensación de pujo) y expulsivo activo (feto visible en periné y sensación de pujo).

Se desarrollarían las siguientes ACTIVIDADES por parte de la matrona:

*   Promover el bienestar físico y emocional de la mujer.
*   Aplicar las medidas asepsia, preparación de campo para técnica estéril en caso de sutura de la episiotomía o desgarro.
*   Controlar la evolución y progreso del expulsivo a través de exploraciones vaginales, palpación abdominal, observación del aspecto general, expresión facial y lenguaje corporal, características del flujo y secreciones vaginales.
*   Valorar la duración del expulsivo.
*   Comprobar la presencia de globo vesical.
*   Toma de constantes vitales cada hora.
*   Favorecer pujos espontáneos.
*   Valoración del estado fetal (a través de la monitorización fetal)
*   Minimizar el trauma perineal.
*   Realizar episiotomía selectiva.
*   Atender a la salida del bebe.
*   Informar al obstetra de signos de alarma.
*   Cuidados inmediatos al recién nacido: contacto piel con piel, valoración de Apgar, pinzamiento del cordón, extracción sangre para grupo sanguíneo y gasometría, e identificación del recién nacido.
*   Avisar al neonatólogo/pediatra si es necesario.
*   Registro de los cuidados en el programa informatico y rellenar formularios necesarios, además de la historia clínica de la madre.
*   Registro de los cuidados en historia clínica del recién nacido. Hoja de registro civil del RN.
*   Informar del estado de salud del recién nacido a la madre y acompañante.

> **Tercera etapa del parto o alumbramiento.**

Tercera etapa del parto o alumbramiento: desde el nacimiento hasta la expulsión de la placenta.
*   Observar y vigilar el estado general de la mujer.
*   Mantener las medidas de asepsia.
*   Toma de constantes vitales.

- Controlar la duración del alumbramiento, atención en el alumbramiento. Manejo activo según factores de riesgos y valoración individual de la mujer.
- Comprobar la integridad de placenta, cordón y membranas.
- Cuidados del periné, suturar/reparar, si precisa.
- Valorar sangrado y contracciones uterinas.
- Administrar profilaxis de hemorragia posparto.
- Informar al obstetra del progreso del alumbramiento y signos de alarma
- Registro de los cuidados en el registro informáticos e historia clínica de la madre.
- Informar de los cuidados y procedimientos aplicados y de la evolución del parto a la mujer y acompañante.
- Cambio de ropa de cama y limpieza de los restos biológicos que hayan podido quedar después del proceso del parto.
- Permitir acompañamiento
- Valorar el estado general de la madre: control de constantes (TA y FC).
- Valorar sangrado y estado uterino.
- Observación del periné.
- Valorar vaciado de vejiga, si es necesario para evitar sangrado.
- Valorar sensibilidad y movilidad, si epidural.
- Retirar catéter epidural (si procede).
- Mantener comunicación efectiva con obstetra e informar si signos de alarma.

> **Posparto inmediato**.

Posparto inmediato. Esta etapa dura hasta dos horas después de la expulsión de la placenta.

- Retirar vía venosa, según necesidad especifica de la mujer.
- Valorar el estado del recién nacido.
- Observar primera toma lactancia materna.
- Avisar a pediatra si procede.
- Informar de los cuidados realizados y del estado de salud de la madre-recién nacido a acompañante.
- Despedir a la mujer y al acompañante e indicar traslado a planta después de las 2 horas posparto.

5. EVALUACIÓN DE LA CARGA MENTAL.

Para poder evaluar convenientemente la carga mental de un puesto de trabajo debemos tener presentes dos tipos de indicadores:

A. Los factores de carga inherentes al trabajo que se realiza.
B. Su incidencia sobre el individuo.

Sería interesante disponer de algún método estandarizado para el diagnóstico de la carga, pero hasta el momento parece poco probable que pueda llegarse a conseguir. Para poder realizar una valoración lo más exacta posible, se deben contemplar distintos tipos de indicadores, puesto que la carga mental no puede estimarse a partir de una medida única.

En definitiva, ante la cuestión de cómo evaluar la carga y la fatiga mental en una situación laboral, cabría responder que son de interés todos aquellos aspectos que pongan de relieve la existencia de unas condiciones de trabajo inapropiadas que puedan contribuir a la aparición de la fatiga.

5.1. EVALUACION DE LA CARGA MENTAL EN EL TRABAJO.

Por ello, para la evaluación de situaciones de trabajo, generalmente se incluyen tanto variables referentes a un estado de fatiga como a los factores de carga relativos al puesto (de la tarea y sus condiciones de realización).

Los indicadores de carga mental que utilizan los distintos métodos de evaluación se han determinado experimentalmente a partir de las reacciones del individuo frente a un exceso de carga; es decir, tomando como base las alteraciones fisiológicas, psicológicas y del comportamiento resultantes de la fatiga.

Para la estimación de la fatiga mental suelen utilizarse :

• indicadores fisiológicos (presión sanguínea; electroencefalograma, frecuencia cardiaca);

• De conducta (referidos a la tarea primaria como por ejemplo tiempo de reacción, errores, olvidos, modificaciones del proceso operatorio, etc. a la tarea secundaria o a conductas asociadas a la fatiga)

• Psicológicos (memoria, atención, coordinación visomotora, etc.)

Para un análisis completo sin embargo, es necesario tener en cuenta la impresión subjetiva de fatiga, a partir de escalas o cuestionarios específicos, que deberán referirse a un periodo de tiempo suficientemente amplio de manera que se abarquen los posibles picos o valles de trabajo, evitando que las respuestas sean función de una situación personal transitoria.

Esta información debería conjugarse con los datos de salud disponibles, a fin de descartar la existencia de posibles patologías en las que la fatiga sea uno de los síntomas. Tras este descarte se podrán establecer las correlaciones existentes entre unas determinadas exigencias del trabajo y la fatiga.

La evaluación de los factores de carga significa el análisis de las características de la tarea y de sus condiciones de realización. El objetivo es identificar los principales componentes de esta carga para lo que será preciso partir de un análisis de las tareas que permita definir las exigencias de realización (tipo de información; grado de precisión, tanto perceptiva como de respuesta; complejidad de las decisiones, conocimientos y habilidades requeridos, etc.)

5.2. MÉTODOS OBJETIVOS PARA LA EVALUACION DE LA CARGA MENTAL.

Existen diversos métodos objetivos para la evaluación de las condiciones de trabajo, que incluyen variables relativas a la carga mental. Señalamos a continuación tres métodos muy utilizados actualmente:

➢ METODO L.E.S.T.

El método diseñado por el Laboratorio de Economía y Sociología del Trabajo **(L.E.S.T.) del CNRS** evalúa la carga mental a partir de cuatro indicadores:
- Apremio de tiempo. Determinado en trabajos repetitivos por la necesidad de seguir una cadencia impuesta y en los trabajos no repetitivos por la necesidad de cumplir un cierto rendimiento.
- Complejidad-rapidez. Esfuerzo de memorización, o número de elecciones a efectuar, relacionado con la velocidad con que debe emitirse la respuesta.
- Atención. Nivel de concentración requerido y continuidad de este esfuerzo.
- Minuciosidad. Se tiene en cuenta en trabajos de precisión como una forma especial de atención.

➤ METODO DE PERFIL DEL PUESTO DE R.N.U.R.

El método de **Perfil del Puesto, de R.N.U.R.**, utiliza el término "carga nerviosa", que define como las exigencias del sistema nervioso central durante la realización de una tarea y que viene determinada por dos criterios:

• Operaciones mentales, entendidas como acciones no automatizadas en las que el trabajador elige conscientemente la respuesta.

• Nivel de atención, referido a tareas automatizadas, tiene en cuenta la duración de la atención, la precisión del trabajo y las incidencias (trabajo en cadena, ambiente, duración del ciclo).

➤ METODO DE ANACT.

El método elaborado por la **Agencia Nacional para la Mejora de las Condiciones de Trabajo (ANACT)** no define el concepto de carga mental o nerviosa de una manera específica, pero en el apartado "Puesto de trabajo", incluye entre otras las variables "Rapidez de ejecución" y "Nivel de atención".

➤ METODO DE EVALUACION DE FACTORES PSICOSOCIALES DEL INSHT.

El **Método de Evaluación de Factores Psicosociales desarrollado por el INSHT** es obtener la información necesaria para detectar las condiciones psicosociales desfavorables en una situación de trabajo. Este método incluye, entre los factores psicosociales que considera, la carga mental de trabajo, y la valora a partir de los siguientes indicadores:

• Presión de tiempos

• Esfuerzo de atención

• Fatiga percibida

• Sobrecarga

• Percepción subjetiva de la dificultad

• Presión de tiempos: contemplada a partir del tiempo asignado a la tarea, la necesidad de recuperar los retrasos, y el tiempo durante el cual se debe trabajar con rapidez.

• Esfuerzo de atención: viene dado por la intensidad o el esfuerzo de concentración o reflexión necesarias para recibir las informaciones del proceso y elaborar las respuestas adecuadas, y por la constancia con que debe ser sostenido ese esfuerzo. El esfuerzo de atención puede verse influido por la frecuencia de aparición de posibles incidentes, y por las consecuencias que pudieran ocasionarse durante el proceso por una equivocación del trabajador.

• Fatiga percibida: recoge la sensación de fatiga del trabajador cuando acaba su jornada laboral.

• Sobrecarga: viene dada por el número de informaciones que se precisan para realizar la tarea y el nivel de complejidad de las mismas.

• Percepción subjetiva de la dificultad que para el trabajador tiene su trabajo. Como vemos, este método evalúa fundamentalmente las exigencias mentales de la tarea, pero recoge también la percepción de fatiga, incorporando así un elemento de consecuencias para el trabajador.

Estos diversos métodos objetivos para la evaluación global de las condiciones de trabajo que incluyen, normalmente, un apartado dedicado a la carga mental. Su objetivo es valorar aquellos factores presentes en el puesto de trabajo que pueden influir sobre la salud de los trabajadores, de manera que pueda determinarse sobre cuál de ellos debe actuarse para mejorar una situación de trabajo.

Estos métodos, para la valoración de la carga mental, se centran principalmente en si el trabajo exige un nivel de atención elevado y si esta atención debe mantenerse a lo largo de la jornada laboral. Además tienen en cuenta otros factores, que aunque directamente no sean causa de carga mental, pueden influir sobre la misma, por ejemplo, el ritmo de trabajo, que a menudo impone cadencias demasiado rápidas, o la correcta distribución de las pausas.

También suelen tenerse en cuenta las repercusiones que los errores pueden tener sobre las personas o sobre la producción (accidentes, rechazos, averías, etc.) ya que representan un factor de presión que se añade a los que ya pueden existir.

Las consecuencias de las exigencias mentales sobre las personas dependen de sus recursos personales para dar respuesta a estas exigencias. Las capacidades de memoria, razonamiento, percepción, etc. así como la experiencia y la formación son recursos que varían de una persona a otra y que también van cambiando en una misma persona en distintos momentos de su vida.

Por ello, la información obtenida en la evaluación de los factores de carga mental debe contrastarse con las exigencias percibidas, basadas en la impresión subjetiva de variables como la dificultad de la tarea; el esfuerzo requerido; presión temporal o los problemas para la realización de la tarea, entre otras.

5.3. METODOS SUBJETIVOS PARA EVALUAR LA CARGA MENTAL.

Es habitual que las personas emitan juicios de valor sobre la dificultad que entraña la realización de alguna tarea, aunque estas impresiones no suelen cuantificarse o no llegan a verbalizarse.

Los métodos subjetivos requieren que los propios interesados califiquen el nivel de esfuerzo necesario para la realización de una tarea y reflejan, por tanto, la opinión directa acerca del esfuerzo mental exigido en el contexto del entorno del puesto y de la experiencia y las capacidades del operador. En comparación con otros métodos la evaluación subjetiva supone, pues, la única fuente de información del impacto de las tareas sobre las personas.

Son de amplia aplicación para la evaluación de la carga de trabajo debido a su facilidad de uso, su validez (contrastada por correlación con criterios de conducta) y su aceptación por parte de los interesados. Además ofrecen la ventaja frente a los métodos de valoración psicofisiológica de no ser intrusivos ya que suelen aplicarse una vez se ha realizado la tarea.

Por estos motivos son los más utilizados para la medición de la carga en situaciones reales de trabajo, mientras que las medidas de tipo psicológico o fisiológico son aplicadas en situación de laboratorio.

Generalmente se basan en escalas en las que se presentan una serie de frases y se pide a los trabajadores que describan o que califiquen numéricamente su grado de esfuerzo.

Sin embargo, también se han desarrollado algunos métodos y escalas específicas para la valoración de la carga mental. A continuación comentaremos brevemente algunos de ellos:

- **Escala de Cooper-Harper** (1969). Esta escala, que en su origen fue diseñada para evaluar tareas de vuelo, mide la carga mental mediante evaluaciones subjetivas de la dificultad de diferentes tareas. A través de un instrumento en forma de árbol lógico, es decir, planteando una serie de preguntas–filtro, de manera que cada respuesta determina la siguiente pregunta, se obtiene una puntuación de carga mental comprendida entre 0 y 10. Posteriormente, Wierwille y Casali (1983) propusieron una versión modificada de la escala de Cooper-Harper, que puede aplicarse a una gran variedad de tareas. Ambas escalas, tanto la original como la modificada, han sido validadas experimentalmente y se ha comprobado que tienen un alto grado de fiabilidad.

- **Escala de Bedford** (Roscoe, 1987; Roscoe y Ellis, 1990). Al igual que la anterior, propone la valoración de la carga mental a través de una escala de 10 puntos en forma de árbol de decisión. Para ello, el trabajador ha de dar un juicio sobre la carga mental que le supone una determinada actividad y sobre la cantidad de capacidad residual, es decir, capacidad mental que le queda "libre" cuando realiza la tarea.

- **Escala de carga global** (Overall Workload). Propuesta por Vidulich y Tsang (1987) para la evaluación de la carga mental experimentada por los individuos, es una escala bipolar de 0 a 100, con intervalos de 5 unidades, donde el 0 representa la carga mental muy baja y 100 muy elevada.

- **SWAT** (Subjective Assesment Technique). Esta técnica, desarrollada por el grupo de investigación de Reid (Reid y col., 1981, 1982), asume que la carga 23 mental de una tarea o actividad está determinada por tres factores o dimensiones, que los autores denominan tiempo, esfuerzo mental, y estrés, cada uno de los cuales se evalúa mediante una escala de tres puntos. Se ha comprobado que la técnica SWAT es sensible a las variaciones en la carga mental de diferentes tareas, por ejemplo, tareas de memoria, de control manual, de inspección visual de displays, etc.

- **NASA- TLX** (Task Load Index). Este procedimiento, desarrollado por Hart y Staveland (1988), distingue seis dimensiones de carga mental (demanda mental, demanda física, demanda temporal, rendimiento, esfuerzo y nivel de frustración), a partir de las cuales calcula un índice global de carga mental. En distintas investigaciones de laboratorio se ha comprobado que es sensible a una gran variedad de tareas, y que cada una de las seis subescalas proporciona información independiente sobre su estructura.

Uno de los métodos más citados en la bibliografía especializada (Hancock,P.A. y Meshkati; Salvendy G., Wierwille,W.W.), así como en el borrador de la tercera parte de la norma ISO 10075 sobre evaluación de la carga mental, es el «NASA Task Load Index» (TLX). Este método permite la valoración de la tarea desde una perspectiva multidimensional por lo que se ha demostrado útil por su capacidad de diagnóstico en cuanto a las posibles fuentes de carga.

• **Perfil de carga mental** (Workload Profile). Es una técnica novedosa propuesta por Tsang y Velazquez (1996), en la cual los sujetos deben estimar la proporción de recursos de distinto tipo que utilizan en la realización de una tarea. Aunque todavía está en fase de desarrollo, los resultados obtenidos hasta ahora parecen indicar que se trata de un buen instrumento para la valoración de la carga mental.

5.4. EVALUACIÓN DE CARGA MENTAL EN HOSPITAL.
(ntp 275)

La carga mental o cognitiva responde según Szekely a "un estado de movilización general del operador humano como resultado del cumplimiento de una tarea que exige el tratamiento de información". La carga mental refleja el coste humano de este tipo de trabajo.

La carga mental se refiere, según esta definición, al grado de procesamiento de información que realiza una persona para desarrollar su tarea. Cada vez más, el trabajo, con la aplicación de las nuevas tecnologías, impone al trabajador elevadas exigencias en sus capacidades de procesar información. El trabajo implica a menudo la recogida e integración rápida de una serie de informaciones con el fin de emitir, en cada momento, la respuesta más adecuada a las exigencias de la tarea.

El sistema humano para procesar información tiene unas capacidades finitas, por lo que las exigencias de la tarea pueden acercarse mucho e incluso sobrepasar la capacidad individual de respuesta. Si esta situación se da de manera puntual la persona puede llegar a adaptarse a ella, pero, si por el contrario, el trabajo exige continuamente un grado de esfuerzo elevado, puede llegar a una situación de fatiga capaz de alterar el equilibrio de salud de los individuos.

Paralelamente a este concepto de tratamiento de la información como generador de una situación de carga mental, hay que considerar que, además de los aspectos que se refieren a la propia tarea, deben tenerse en cuenta otras variables, de tipo organizativo, que pueden facilitar o por el contrario dificultar esta tarea.

Las características del medio socioprofesional hospitalario son predominantes en la aparición de la carga mental debida al trabajo: la organización del trabajo, la creciente complejidad de las técnicas médicas y los problemas jerárquicos son frecuentemente origen de carga mental para el personal sanitario.

En el trabajo hospitalario interviene además otra variable, que en este caso hace referencia tanto al trabajo en sí como a la organización del mismo; nos referimos al trabajo nocturno. El hecho de trabajar de noche tiene una serie de consecuencias sobre el equilibrio de las personas, pudiendo provocar alteraciones a distintos niveles: físico, psíquico y social.

Para la valoración de todos estos aspectos relacionados con la carga mental suele partirse de métodos objetivos (demandas de la tarea, resultados de la tarea, valoración de la fatiga a través de parámetros fisiológicos, frecuencia crítica de fusión óptica ...) y subjetivos, basados en la impresión subjetiva de los trabajadores, sobre su estado de fatiga o sobre los factores que son susceptibles de desencadenarla.

En la actualidad no se cuenta con una medida única objetiva para la valoración de la carga mental, por lo que normalmente estos métodos suelen ir acompañados de una valoración subjetiva.

Dada la complejidad del concepto de carga mental es poco probable que una sola medida nos dé información fiable sobre el problema y que, además, sea aplicable a todas las situaciones de trabajo. Por ello, y a pesar de los avances que se están realizando para desarrollar métodos objetivos, en la actualidad es imprescindible recurrir a la estimación directa de los propio interesados valoración subjetiva es la más utilizada para la evaluación de la carga mental de trabajo.

El trabajo hospitalario supone la aplicación de unos conocimientos científicos y técnicos, en unas condiciones que pueden-conducir a situaciones de sobrecarga y, consecuentemente, a alteraciones patológicas. En este caso la carga mental viene determinada por la necesidad de dar respuesta inmediata a informaciones complejas, numerosas y constantemente diferentes. No es necesario resaltar la complejidad de los datos médicos, es suficiente resaltar la complejidad de los conocimientos que entran en juego, y el hecho de que cada uno no tiene sentido por sí solo, sino en relación al conjunto de datos.

El desarrollo de la tarea en este sector de actividad implica el mantenimiento constante de un nivel de atención bastante elevado.

La información, además, es fluctuante: cada enfermo sigue un proceso de evolución distinto, por lo que la interpretación de variables debe adaptase en cada caso. Consecuentemente, lo mismo ocurre con las decisiones: no se puede tener un patrón de respuesta pues en cada caso, según las circunstancias individuales, deberá seguirse un tratamiento u otro.

Por otra parte, si consideramos como factor interviniente en la aparición de la carga mental las consecuencias de las decisiones que se toman, y por tanto de los posibles errores, es evidente que en el trabajo hospitalario esta variable interviene de manera decisiva por la responsabilidad que los trabajadores tienen sobre la salud de los enfermos.

A este proceso de tratamiento de información se añaden otros factores que, si bien no son generadores directos de carga mental, sí inciden en su desarrollo:

• Existencia de situaciones de incertidumbre: a menudo la información de la que se dispone no es suficiente para decidir qué acción debe emprenderse.

• Existencia de presiones temporales: la evolución de los enfermos exige tener que decidir, en un momento dado, entre varias posibilidades lo que supone una toma de decisión rápida.

• El tipo de pacientes que se tratan: por un lado podemos considerar la autonomía de los enfermos, considerada ésta como el grado de dependencia de los demás.

• El trato con pacientes y familiares: supone un trabajo de atención al público, en el que a menudo se reciben agresiones de tipo verbal llegándose en ocasiones a la agresión física.

A todo ello hay que añadir, además, la creciente aplicación de las nuevas tecnologías, que pueden imponer graves exigencias a la capacidad humana para procesar la información. Estas tecnologías implican a menudo la recogida e integración rápida de información y las demandas pueden acercarse mucho e incluso sobrepasar la capacidad de respuesta del trabajador.

Merece especial atención, a este respecto, el trabajo en unidades de vigilancia intensiva, que algunos autores comparan con las salas de control industrial en cuanto a la complejidad de la información a tratar, pues en ambos casos debe interpretarse a partir de una serie de señales o códigos que llegan a través de los monitores.

5.4.1. Factores de carga mental en el trabajo hospitalario.

Los factores que hacen referencia a la organización pueden considerarse desde un doble punto de vista: por una parte la coordinación y la distribución de las actividades condiciona la transmisión eficaz de las informaciones necesarias para el desarrollo del trabajo; bajo este aspecto es necesario considerar los sistemas de transmisión de información entre estamentos profesionales, en el cambio de turno y en la coordinación con otros servicios.

Por otra parte, los factores de organización están estrechamente relacionados con el concepto de satisfacción en el trabajo: las personas tenemos una serie de necesidades y motivaciones que el trabajo debe ser capaz de satisfacer, por lo menos en parte (pertenencia a un grupo, reconocimiento, seguridad en el empleo...); cuando esto no ocurre podemos considerar que la situación de trabajo es potencialmente nociva para el trabajador. Por ello, es importante identificar el máximo número de factores presentes en una determinada situación de trabajo, y valorar hasta qué punto pueden contribuir a la satisfacción personal o, por el contrario, son susceptibles de influir negativamente en la salud de los trabajadores.

El tratamiento de la información que se lleva a cabo en el trabajo hospitalario es en sí complejo, como hemos visto hasta ahora. Pero afecta también a la organización del trabajo, pues se efectúa alrededor de muchas personas que incluyen distintas unidades de trabajo (radiología, laboratorio, salas de hospitalización, servicios administrativos...) así como los distintos turnos de trabajo.

Un aspecto importante a valorar es la fluidez de las comunicaciones que se establecen en ambos casos así como la funcionalidad de los circuitos de comunicación, pues si éstos no son los adecuados pueden existir importantes lagunas de información que dificulten la toma de decisiones y que pueden provocar situaciones de incertidumbre.

A menudo, además, el trabajo se ve interrumpido por interferencias con otro tipo de tareas (atender el teléfono, tareas de hostelería, trámites administrativos ...) lo que rompe el ritmo habitual de trabajo y obliga a un esfuerzo mayor al tener que reemprenderlo continuamente.

En el personal de enfermería, por otra parte, ocurre con frecuencia que existe una ambigüedad de roles: Las funciones de los distintos estamentos laborales no están suficientemente definidas lo que se traduce en un desconocimiento de hasta qué punto pueden llegan las obligaciones y responsabilidades del personal de enfermería.

Otro factor muy importante relativo a la organización del trabajo es la participación de los trabajadores en la toma de decisiones sobre aspectos relacionados con su trabajo (adquisición de material, métodos de trabajo..) pues influye tanto en la capacidad de autonomía personal, y por tanto en el desarrollo personal de cada individuo, como en la consideración y valoración de la propia persona.

En la actualidad este aspecto cobra especial importancia, pues a menudo se introducen nuevas tecnologías, que afectan tanto al trabajo en sí mismo como a la organización del mismo, por lo que es imprescindible que se realice mediante una previa formación e información del personal afectado por el cambio.

En España hay distintas situaciones sociales que podemos afirmar que afectan a la carga de trabajo de los profesionales de Atención Especializada. Estas serían: fuerte inmigración, y aplicación cada vez mayor de las nuevas tecnologías.

Estos factores suponen un gran esfuerzo por parte de los trabajadores de Atención Especializada ya sea del personal sanitario o del no sanitario, y se suman a los anteriormente expuestos.

El trabajo hospitalario implica un servicio ininterrumpido, durante las 24 horas del día y todos los días del año, con la obvia existencia de trabajo a turnos y nocturno. Las repercusiones que este tipo de organización del tiempo de trabajo puede tener sobre la salud de las personas merecen especial atención.

Dichas consecuencias se refieren principalmente a tres tipos de factores:

- **Modificación de los ritmos circadianos**:

La actividad fisiológica del organismo está sometida a una serie de ciclos establecidos. Algunos de estos ciclos cumplen un ritmo de alrededor de 24 horas, son los llamados ritmos circadianos, que siguen unos ciclos de activación y desactivación que se corresponden con los estados naturales de vigilia y sueño.

Como ejemplo de éstos podemos citar la secreción de adrenalina, frecuencia cardíaca, presión sanguínea, la capacidad respiratoria, temperatura, etc.

Los factores externos, como los hábitos sociales y la alternancia luz/obscuridad, actúan como sincronizadores de estos ritmos, pero su influencia es tal que, si se modifican, se alteran asimismo los ritmos biológicos dando lugar a alteraciones fisiológicas.

El trabajo a turnos comporta una contradicción entre los diversos sincronizadores sociales y el organismo, lo que da lugar a la llamada "patología de la turnicidad", que se caracteriza por astenia, nerviosismo y dispepsia.

*   **Alteraciones del sueño :**

Durante el sueño se dan cinco fases, que se distinguen por su actividad cerebral: sueño ligero (fases 1 y 2), sueño profundo de ondas lentas (fases 3 y 4) y sueño paradójico de ondas rápidas (fase 5).

Se estima que la duración relativa de las diversas fases reviste menor importancia que la duración global del sueño que permita una sucesión equilibrada de las distintas fases.

En los trabajadores nocturnos la última fase del sueño se ve alterada, o simplemente no se llega a conseguir, con lo que el sueño no consigue su objetivo de recuperación de la fatiga. Por otra parte hay que considerar que las condiciones ambientales que se dan durante el día, luz, ruido.... dificultan más la posibilidad de un sueño reparador.

Estas alteraciones del sueño tiene repercusiones directas sobre la salud, dando lugar a situaciones de estrés y fatiga crónica, que se traducen normalmente en alteraciones del sistema nervioso y digestivo. Repercusiones sobre la vida familiar y social La sociedad está organizada para un horario "normal" de trabajo.

*   **El trabajo a turnos dificulta las relaciones tanto a nivel familiar como social:**

Por una falta de sincronización con los demás y por las dificultades de organización debido a los continuos cambios que produce la alternancia de horarios creando problemas de índole psicosocial.

5.4.2. Guía para la valoración.

Para la valoración de todos estos factores que pueden desencadenar una situación de fatiga mental se propone un método de valoración subjetiva que puede basarse tanto en el cuestionario como en la entrevista individual.

Especificamos en el Cuadro las variables que se incluyen, así como los indicadores para cada una de estas variables.

DATOS DE IDENTIFICACION	PARTICIPACION
Turno	Posibilidad de tomar decisiones en aspectos referentes al trabajo
Sección, departamento, planta...	Asistencia a sesiones clínicas
Categoría profesional	Información sobre cambios tecnológicos,
Tipo de contrato	de la organización o de la metodología
Antigüedad	

HORARIOS	ORGANIZACION DEL TRABAJO
Días trabajados / semana	Ordenes de trabajo por escrito
Horas de trabajo / día	INCERTIDUMBRE
Turno	Cambios de guardia/ lagunas de información
Repercusiones sobre vida familiar y/o social	Cambio en las órdenes de trabajo

RITMO/PAUSAS	Necesidad de consultar antes de tomar una decisión
Cantidad de pacientes	Coordinación con otros servicios
Posibilidad de planificar el trabajo	DATOS PERSONALES
Acumulación de tareas	Edad
Cantidad de pausas	Sexo
Adecuación de las mismas	Estado Civil
Lugar donde se realizan	Nº de hijos
	Nivel de estudios

INFORMACION TRATADA	SINTOMATOLOGIA
Cantidad	Le cuesta dormirse o duerme mal
Complejidad	Sueña con el trabajo

CARACTERISTICAS DE LA TAREA	Piensa en el trabajo en días de descanso
Estado de los pacientes	Siente los ojos fatigados
Grado de autonomía de los mismos	Se siente adormecido
Situaciones de incertidumbre	Le cuesta concentrarse
Interrupciones en el trabajo	Olvida las cosas con facilidad
Trato con pacientes y familiares	Siente desinterés por las cosas
Respuesta a situaciones críticas	Comete errores

STATUS	Siente molestias oculares (deslumbramiento, parpadeo...)
Posibilidad de aplicar los conocimientos	Tiene mareos
Consideración del puesto	Sufre cefaleas
Percepción de la consideración del puesto	Se nota irritable, nervioso/a, tenso/a
	Tiene sensación de fatiga

SALARIO/PROMOCION	Sufre alteraciones digestivas
Adecuación del salario	Consume más café, tabaco, alcohol, tranquilizantes...
Existencia sistema de promoción	
Posibilidad real de promoción	

5.4.3. Aplicación del método.

Para que la información obtenida con la aplicación de esta metodología sea realmente útil es imprescindible que intervengan todos los interesados: trabajadores, línea jerárquica, reponsables de Salud laboral o Seguridad e Higiene, comité, etc. Las personas a las que va dirigido el cuestionario deben conocer los objetivos del estudio a fin de que su participación sea sincera.

Los datos obtenidos permitirán establecer un programa de mejoras que debe ser asimismo asumido por todos los interesados.

Esta información permitirá establecer las prioridades sobre las que se deberá empezar a actuar y determinar un programa de seguimiento. A este respecto cabe señalar que la decisión estará condicionada por las variables: condiciones sobre las que es más necesario actuar y condiciones sobre las que es más factible actuar.

Ocurre a menudo que la solución a un determinado problema está bien definida pero supone serias dificultades de aplicación, ya sea por sus repercusiones económicas u organizativas. Por ello en el momento de establecer un plan de actuación hemos de ser conscientes de la limitaciones que encontraremos y debemos fijar objetivos, que aunque quizás parezcan menos ambiciosos pueden aportar, en la práctica, alguna mejora real.

A pesar de que el método propuesto centra su interés en aquellas condiciones de trabajo que pueden derivar en una situación de carga mental y que, por tanto, según la capacidad individual de adaptación, pueden ser susceptibles de generar fatiga mental, incluimos en el cuestionario una pregunta relativa a una sintomatología difusa que suele responder a situaciones de fatiga mental. Esta pregunta no pretende diagnosticar estados patológicos personales sino que su objetivo es que, mediante la correlación de los datos obtenidos en ella con las que hacen referencia a las condiciones de trabajo, se puedan establecer cuáles de estas últimas parecen tener mayores consecuencias sobre la salud.

Esta información deberá tenerse en cuenta en el momento de establecer un plan de actuación.

6. PLAN DE ACTUACION.

Una vez que se accede a la posibilidad de cuantificación de la valoración de la carga mental en el puesto de trabajo de matrona, me queda exponer una serie de recomendaciones que facilitarían el trabajo a todos los implicados en este servicio y mejoraría por tanto, la atención prestada a los usuarias de este servicio.

La carga mental de trabajo inadecuada, ya sea por exceso o por defecto, puede tener varias consecuencias negativas (tensión, fatiga, sentimientos de monotonía, etc.)

La fatiga por carga de trabajo mental puede manifestarse desde una forma muy sutil, como ligeras reducciones de la capacidad de trabajo mental y algunos lapsus, hasta la forma más fuerte: bloqueo total, incapacidad temporal de análisis de información, etc. (ver NTP nº 445).

Debe tenerse en cuenta que adecuar la carga de trabajo mental a las capacidades de la persona no es, en absoluto, tarea fácil, puesto que hay que encontrar el punto de equilibrio entre las exigencias del trabajo y las capacidades de respuesta de la persona (tratamiento de información, mantenimiento de atención, toma de decisiones, cálculo y valoración de consecuencias, etc.).

Si se optase por una excesiva simplificación de los procesos de producción y procedimientos de trabajo que se han de seguir, persistiría un desajuste entre las exigencias del trabajo y las capacidades de la persona y el problema se mantendría aunque, en este caso, se estaría en el extremo de la subcarga de trabajo mental. Los niveles de exigencia de trabajo mental muy por debajo de la capacidad de la persona son desaconsejables y pueden conducir al aburrimiento.

Las personas somos estructuras móviles dotadas, por naturaleza, para el movimiento físico y mental. De esta manera, cuando se realiza una pausa en el desempeño de una actividad, la desconexión mental respecto a dicha actividad se torna en actividad mental con otro centro de atención diferente, es decir, se cambia el foco de atención y esto es una forma de movimiento de la mente que puede contribuir a mantener un cierto nivel de vigilia .

La idea central que debería presidir la mejora de las condiciones de trabajo es adecuar las exigencias de carga mental de trabajo a las capacidades de respuesta de la persona y posibilitar el movimiento corporal y mental.

7. MEDIDAS PREVENTIVAS.

En función de lo dicho hasta ahora, la prevención de la fatiga mental deberá basarse en el conocimiento de las exigencias mentales que la tarea plantea, y de los recursos o capacidades del trabajador para dar respuesta a esas demandas en las condiciones existentes, con el fin último de conseguir la adaptación entre las condiciones de trabajo y las características de las personas que lo desarrollan.

La Ley 31/1995 de Prevención de Riesgos Laborales, en su artículo 15 de Principios de acción preventiva, apartado d), establece que el empresario deberá: d) Adaptar el trabajo a la persona, en particular en lo que respecta a la concepción de los puestos de trabajo, así como a la elección de los equipos y los métodos de trabajo y de producción, con miras, en particular, a atenuar el trabajo monótono y repetitivo y a reducir los efectos del mismo en la salud.

Concretando más este mandato, la Norma ISO 10075:1996 de "Principios ergonómicos relativos a la carga mental de trabajo", en su segunda parte "Principios de concepción", plantea una serie de recomendaciones para el diseño de los puestos de trabajo, con el objetivo final de prevenir la fatiga mental y otros estados similares a la fatiga.

Algunas medidas para mejorar las condiciones de trabajo y adecuar las exigencias de trabajo mental a las personas pueden ser las que van dirigidas a:

1. Facilitar y orientar la atención necesaria para desempeñar el trabajo. Adaptar la carga de trabajo a las capacidades del trabajador.

2.Reducir o aumentar (según el caso) la carga informativa para ajustarla a las capacidades de la persona, así como facilitar la adquisición de la información necesaria y relevante para realizar la tarea, etc..

3. Proporcionar las ayudas pertinentes para que la carga o esfuerzo de atención y de memoria llegue hasta niveles que sean manejables (ajustando la relación entre la atención necesaria y el tiempo que se ha de mantener).

4. Reorganizar el tiempo de trabajo (tipo de jornada, duración, flexibilidad, etc.) y facilitar suficiente margen de tiempo para la autodistribución de algunas breves pausas durante cada jornada de trabajo. Disponer de un lugar adecuado para ello.

5. Rediseñar el lugar de trabajo (adecuando espacios, iluminación, ambiente sonoro, etc.) mejorando las condiciones ambientales.

6. Dotar de formación continua a los trabajadores.

7. Actualizar los útiles y equipos de trabajo (manuales de ayuda, listas de verificación, registros y formularios, procedimientos de trabajo, etc.) siguiendo los principios de claridad, sencillez y utilidad real.

8. Reforzar y apoyar a los trabajadores de nueva incorporación.

9. Mantener una buena alimentación, realizar ejercicio físico y mantener un patrón de descanso reparador.

8. MEDIDAS PREVENTIVAS APLICABLES AL PUESTO DE TRABAJO EVALUADO.

De la evaluación pueden surgir intervenciones como: la eliminación de ruidos, la adquisición del mobiliario adecuado y su correcta ubicación, la mejora de los útiles de trabajo como ayudas en el tratamiento de la información, la eliminación de jornadas de trabajo muy largas, la flexibilización de los horarios de trabajo, la posibilidad de poder realizar pausas, y disponer de un lugar adecuado para ello, etc.

Además puede dar la posibilidad de definir (mediante acuerdo con la/s persona/s interesadas) metas de trabajo parciales (objetivos específicos) que se puedan alcanzar a lo largo de la jornada de trabajo (procurando que los plazos no sean demasiado justos, evitando tener "agendas calientes o apretadas").

El logro de estas metas, favorece la sensación de que se terminan cosas y actúa, por un lado, como incentivo y, por otro, como marcador de pausas naturales (entre metas).

También se debería procurar autonomía en la realización de las tareas y eliminar cualquier forma de presión psicológica en el trabajo. Una de las recomendaciones más universales para prevenir la fatiga consiste en la organización del tiempo de trabajo de manera que permita la realización de pausas. La razón para ello es que la recuperación tras un trabajo de actividad mental se consigue principalmente por un descanso más que por un cambio de actividad.

En algunos puestos de trabajo, aparentemente, puede parecer que se realizan muchas pausas porque se tiene un concepto muy amplio de lo que son las pausas. Para el tema que aquí se trata, no se pueden entender como pausas los tiempos que se está en alerta, en espera, en actividades sociales de fortalecimiento de relaciones (con clientes internos o externos) etc. Si se realizan pausas a lo largo de la jornada de trabajo, se puede prevenir el estado de fatiga.

Pero para que las pausas sean realmente efectivas deben permitir desconectar de los temas del trabajo y que la persona pueda apartarse físicamente del puesto de trabajo, cambiando el foco de atención.

Las pausas deberían realizarse espontáneamente a lo largo de la jornada laboral, en el momento en que se percibe su necesidad ya que la autodistribución de las pausas potencia su poder reparador; sin embargo, cuando esto no es posible, por razones diversas (personales, técnicas u organizativas), se hace necesario un sistema de regulación de los descansos.

Siempre hay que tener presente que el número, la duración y la distribución de las pausas a lo largo de la jornada de trabajo están en función de la intensidad del mismo, es decir, de las condiciones y exigencias del trabajo y de la capacidad de resistencia de la persona.

Estrategias individuales para afrontar y para prevenir la fatiga .

Ante la sensación de fatiga se suelen desarrollar algunas estrategias de afrontamiento individuales que permiten cierta continuidad de la actividad laboral, mientras el descanso no es posible; por ejemplo: se hace más lento el ritmo de trabajo, se realizan comprobaciones del trabajo con mayor detalle de lo normal, se utiliza mayor número de recordatorios externos para ayudar a la memoria (aligerando su carga) y se evitan las tareas más críticas (si pueden posponerse).

En definitiva, la contribución personal de más éxito para afrontar la fatiga consiste en su prevención mediante el fortalecimiento de la propia capacidad de resistencia a la misma.

Cada persona tiene una capacidad de resistencia a la fatiga que se ve modulada por sus características personales (por ejemplo, la edad) y por otros factores como: los hábitos de alimentación, de descanso y de ejercicio (6). Actuando sobre estos factores, adquiriendo y manteniendo hábitos saludables: una alimentación saludable, la práctica regular de ejercicio físico moderado y un buen patrón de descanso se influye positivamente no sólo en la propia salud, sino también en la capacidad de resistencia a la fatiga.

Todas las personas adultas tienen unas necesidades de descanso y necesitan dormir un número de horas seguidas que, por término medio, se admite que son unas ocho horas. No obstante, hay adultos que necesitan más horas de sueño que otros para sentirse realmente descansados; además, estas horas deben dormirse, preferentemente, en el período nocturno de cada día.

Cuando se trabaja en un sistema de turnos que incluye noches o que por su distribución horaria se solapa con tramos nocturnos o matutinos del descanso se producen alteraciones del patrón de descanso, que se vuelve muy irregular y pierde eficacia reparadora.

En general, cada persona tiene unas necesidades de descanso que suele cubrir con cierta regularidad a lo largo de cada día y esto es lo que constituye su patrón de descanso. La cantidad y calidad características del patrón de descanso afectan a la capacidad de resistencia del organismo ante la fatiga.

En concreto, la mala higiene del sueño interfiere en la actividad de la persona provocando no sólo somnolencia sino también síntomas de fatiga mental (problemas de concentración, irritabilidad, etc.). Normalmente, en algún momento de la vida se presentan circunstancias que rompen temporalmente el patrón de descanso.

Cuando las alteraciones se hacen repetitivas conviene estudiar su origen para recuperar la normalidad y ayudarse, si es preciso, con algunas medidas tales como: reducir la ingesta de bebidas excitantes, no tomar bebidas alcohólicas (pues interfieren en el sueño profundo), seguir un horario regular, realizar ejercicio de forma moderada y en caso necesario, pedir ayuda a un profesional.

El ejercicio físico de intensidad moderada y practicado con regularidad suele estar indicado para todas las personas cuyas exigencias laborales son mayoritariamente de tipo sedentario. La falta de ejercicio favorece la flaccidez muscular y la aparición de la sensación de cansancio cuando se realiza algún esfuerzo físico moderado; además, puede afectar no sólo a la capacidad de resistencia física sino también a la emocional pues, como ya se ha dicho, la fatiga repercute de manera global sobre todo el organismo.

Por ello, la práctica regular de un ejercicio físico moderado contribuye por un lado, a mejorar el propio tono muscular y por otro lado, ayuda a afrontar las tensiones emocionales de cada día y a optimizar el potencial reparador que tiene el descanso. Sin embargo, puede darse el caso de que la misma sensación de fatiga mental se acompañe de una desgana hacia cualquier práctica de ejercicio físico y es precisamente éste, un contribuyente a la recuperación de la persona.

9. BIBLIOGRAFIA.

- Ley 31/1995 de 8 Noviembre, de Prevención de Riesgos Laborales. BOE nº 269.

- "Factores Psicosociales: Metodología de Evaluación". Madrid: INSHT. Notas Técnicas de Prevención NTP-443.

- "Carga Mental" en Fundamentos de Ergonomía. Mutua Universal y Ediciones UPC.

- "La carga mental de trabajo: definición y evaluación". Madrid: INSHT. Notas Técnicas de Prevención NTP-179.

- NORMA ISO 10075 (Parte 1ª). "Principios ergonómicos relativos a la carga mental de trabajo – Términos generales y definiciones".

- NORMA ISO/DIS 10075 (Parte 2ª). Principios ergonómicos relativos a la carga mental de trabajo: Principios de concepción.

- "Carga mental en el trabajo hospitalario". Guía para su valoración Nota técnica de prevención NTP-275, C. N. C. T, Barcelona.

- "Carga Mental : Fatiga".INSHT.NTP-445.

- "Trabajos a turnos y nocturno: aspectos organizativos".INSHT.NTP-455.

- "Carga Mental: Factores".INSHT.NTP-534.

- "Estimación de la carga mental de trabajo: EL METDO NASA-TLX."INSHT.NTP-544.

- "Proceso de Valoracion de los riesgos psicosociales".INSHT.NTP-702.

- "Carga Mental en el trabajo: diseño de tareas".INSHT.NTP-659.